云南名特药材种植技术丛书

半夏

Banxia

《云南名特药材种植技术丛书》编委会　编

云南出版集团公司
云南科技出版社
·昆　明·

图书在版编目（CIP）数据

半夏 /《云南名特药材种植技术丛书》编委会编. -- 昆明 : 云南科技出版社, 2013.7（2022.4重印）
（云南名特药材种植技术丛书）
ISBN 978-7-5416-7286-6

Ⅰ. ①半… Ⅱ. ①云… Ⅲ. ①半夏－栽培技术 Ⅳ. ①S567.23

中国版本图书馆CIP数据核字（2013）第157879号

责任编辑： 唐坤红
洪丽春
封面设计： 余仲勋
责任校对： 叶水金
责任印制： 翟　苑

云南出版集团公司
云南科技出版社出版发行
（昆明市环城西路609号云南新闻出版大楼　邮政编码：650034）
云南灵彩印务包装有限公司印刷　全国新华书店经销
开本：850mm × 1168mm　1/32　　印张：1.5　字数：38千字
2013 年 9 月第 1 版　　2022 年 4 月第 7 次印刷
定价：18.00元

《云南名特药材种植技术丛书》编委会

本册编者： 陈军文　张广辉　王建军

杨生超

序

彩云之南自然环境多样，地理气候独特，孕育着丰富多样的天然药物资源，“药材之乡”的美誉享于国内外。

云药资源优势转变为产业优势的发展特色突出，亦带动了生物产业的不断壮大。当下，野生药用资源日渐紧缺，采用人工繁育种植方式来满足医疗保健及产业可持续发展大势所趋。丛书选择了天麻、灯盏细辛、当归、石斛、木香、秦艽、续断等云南名特药材，特别是目前野生资源紧缺，市场需求较大的常用品种，以种植技术和优质种源为重点内容加以介绍，汇集种植生产第一线药农的实践经验，病虫害防治方法等，凝聚了科研人员的研究成果。该书采用浅显的语言进行了论述，通俗易懂。云南中医药学会名特药材种植专业委员会编辑成的该套丛书，对于云南中药材规范化、规模化种植具有一定指导意义，为改善和提高山区少数民族群众收入提供了一条重要的技术途径。愿本套丛书能够对推动我省中药种植生产事业发展有所收益，此序。

云南中医药学会名特药材种植专业委员会

名誉会长

前　言

绿色经济强省，生物资源是支撑。保持资源的可持续发展，是生态文明建设的前瞻性工作。云南省委、省政府历来高度重视生物医药发展，将生物医药产业作为云南特色支柱产业来重点发展。中药材种植是生物医药产业发展的源头，有言道：“好山好水出好药”“药材好，药才好”……。因地制宜，严格按照国家有关法规和科学技术指导规范种植，方能产出优质药材。基于云南生物资源开发现状考量，云南省中医药学会名特药材种植专业委员会汇集了云南药物研究所、云南农业科学院药用植物研究所、云南中医学院、云南农业大学等单位的专家学者，整理并撰写了目前在云南省中药材种植生产中有一定基础与规模的20个品种中药材的种植技术，编辑出版本丛书，较大程度地适应了各地中药材种植发展的迫切需要。

云南地处北纬21°～29°，纬度较低，北回归线从南部通过，全年接受太阳辐射光热多，热量丰富；加之北高南低的地势，南部地区气温高积温多，北部地区气温低积温少；南北走向的山脉河谷，有利于南方湿热气流的深入，使南方热带动植物沿河谷北上。北部山脉又阻挡了西伯利亚寒冷气流的侵袭，北方的寒温带动植物沿山脊南下伸展。东面湿热地区的动植物又沿金沙江河谷和贵州高原进入，造成河谷地区炎热、坝区温暖、山区寒冷等特点。远离海洋不受台风的影响，大部分地区热量充足，雨量充沛。多种类型的气候生态环境，造就了云南自然风光无限，物奇候异，由此被人们美称为“植物王国”。

云南中草药资源十分丰富，药用植物种数居全国第一，在中药材种植方面也曾创造了多个全国第一。目前云南的中药材种植产业承担了云南全省乃至全国大部分中医药产品的原料供给。跨越式发展中药材种植产业方兴未艾，适应生物医药产业的可持续发展趋势尤显，丛书出版正当时宜。

本书编写时间仓促，编撰人员水平有限，疏漏错误之处，希望读者给予批评指正。

云南省中医药学会
名特药材种植专业委员会

目 录

第一章　概　述

本品为天南星科植物半夏*Pinellia ternate*（Thunb.）Breit.干燥块茎，又称为地珠半夏。是历版《中国药典》和《云南省药品标准》收载品种。具有燥湿化痰，降逆止呕，消痞散结。用于湿痰寒痰，咳喘痰多，痰饮眩悸，风痰眩晕，痰厥头痛，呕吐反胃，胸脘痞闷，梅核气；外治痈肿痰核。云南是半夏的重要产区，以个圆、色白似珍珠而畅销全国及出口，半夏是云南的地道药材之一，是中成药的重要原料和中医临床配方的常用中药。云南地区还将天南星科植物山珠半夏*Arisaema yunnanense* Buchet也作为半夏使用，并收录于《云南省药品标准（2005年版）》。

一、历史沿革

半夏以“地文”“水玉”之名始载于《神农本草经》，并谓“生川谷”；以“守田”“示姑”之名载于《名医别录》，指其“生槐里，五月、八月采根，暴干”；以“羊眼半夏”之名载于《新修本草》；以“和姑”之名载于《本草纲目》。而“半夏”之名却始见于《礼记·月令》：“五月半夏生，盖当夏之半，故为名也”。古代本草对半夏名称的解释也多沿用此解释，但这种解释与半夏生长的物候期并不相符合。宋代《图经本草》亦载：“半夏二月生苗，五月、八月内采根”。从半夏的物候期看，《名医别录》《图经本草》的描述基本上是正确的。在我国黄河以南，半夏通常在农历二月或三月上旬出苗，五月中、下旬至六月上旬气温超过30℃以上时，地上部分植株枯萎（俗称“倒苗”），待七、八月份气候稍转凉时，重新出苗生长，九、十月份当气温低于15℃时，半夏再次倒苗。半夏两次倒苗后，则可采收地下块茎，加工后供药用。因此，有人认为《礼记·月令》说的“五月半夏生”，可理解为五、六月半夏倒苗后，可以采收，而有新的半夏药材上市。此时，正当夏之半，而不是“五月苗始生”；半夏的名称当解释为：五、六月半夏产新，盖当夏之半，故名。

半夏医药用始见于《五十二病方》第376号方，处方用名为“冶半夏”，即用半夏粉与牛脂、醋合煎服用。《灵枢·邪客》篇载有：“饮以半夏汤一剂，其卧立至”。《神农本草经》称半夏“味辛，平；主伤寒，寒热，心下坚，下气，咽喉肿痛，头眩，胸胀，咳逆，肠鸣，止汗”。《名医别录》称半夏“生微寒，熟温，有毒；主消心腹胸中膈痰热满结，咳嗽上气，心下急痛坚痞，时气呕逆；消痈肿，堕胎，治痿黄一晚泽面目；生令人吐，熟令人下”。历代本草医籍逐渐总结出了半夏内服与外用两方面的经验，内服习惯用半夏制品来燥湿化痰，降气止呕，消痞散结；外用生品来消肿止痛等症。特别是在《武威汉代医简》治久咳的上气汤中尚载："半夏毋父且，泊水斗二升，饮令六沸，浚去滓，温饮一小杯"。因为半夏有刺激性，故古人谓不能父且（即用嘴咬撕之意）。这段文字记录了远古时代生用半夏煎汤的历史。

从上可见，我国药用半夏历史悠久，经验丰富，影响深远。至今如张仲景《金匮要略》所创用的半夏泻心汤、半夏厚朴汤等以半夏为主药的方剂，仍为中医和日本汉方医广泛使用。据558个处方的微机分析结果，半夏在处方中出现的频率位于第22位。日本210个法定汉方中含半夏者46个，占22%。这些足以证明半夏在国内外防治疾病和中药市场上所处的重要地位。

二、资源情况

我国半夏资源分布十分广泛，除内蒙古、吉林、黑龙江、新疆、青海、西藏等少数几个省份外，其余省区均有分布。据1984~1994年全国中药资源普查，全国野生半夏储藏量约为13400吨。但是近年来，随着半夏市场需求量的持续增加、野生资源不断减少以及半夏栽培技术远远滞后，三者之间矛盾的日益加剧，我国半夏资源蕴藏量和产量都大幅下降。

三、分布情况

半夏［*Pinellin ternate*（Thunb.）Breit.］为天南星科多年生草本植物，又名三叶半夏（广西、山西、河南）、麻芋头、三步跳（云南、贵州、四川、湖北）、野芋头。以干燥块茎入药，药材名半夏，为常用大宗中药。主要分布于湖北、河南、安徽、山东、四川、重庆、甘肃、云南、贵州等省市。主产于湖北武昌、老河口、襄阳、阳新、天门；河南汝南、灵宝、卢氏、渑池、息县、淮滨、唐河；安徽怀宁、宣城、宁国，阜南、颍上；山东金乡、巨野、胶南、五莲、莱阳；四川昭觉、岳池、隆昌、忠县、营山；重庆万州区、璧山、荣县等地。分布在海拔600~2300米范围，常见于草坡、玉米地、荒地、田边、溪边及疏林下。

四、发展情况

近10年来，我国医药市场面临野生半夏资源枯竭，家种半夏发展滞后，市场供不应求的困境。全国野生药材资源调查结果显示，我国野生半夏产量从20世纪50年代起呈现逐年枯竭之势，降幅较大，情况越来越糟糕（如图1–1所示）。

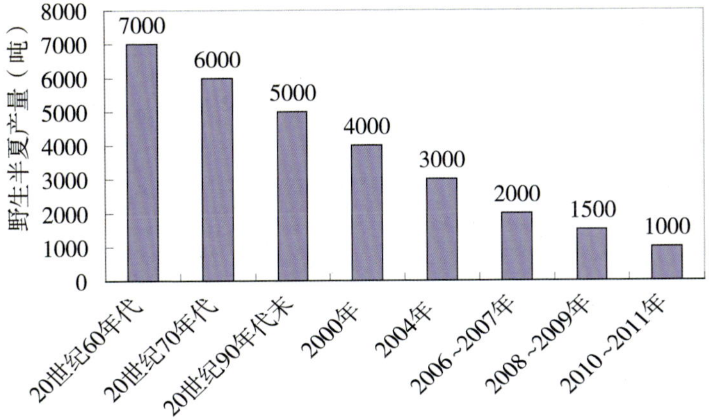

图1–1　全国近半个世纪以来野生半夏产量变化

野生半夏产量逐年锐减的主要原因是：在利益的驱动下，产区广大群众大规模滥采乱挖，不但挖走大块茎，甚至把小块茎也统统挖走，使半夏几年无再生能力，如此连年循环，导致野生资源几近枯竭；数十年来，国民经济发展迅猛，大规模开展修路、开矿、建房、开荒、伐林、开渠等活动，极大地破坏了半夏的生长环境，产量大幅减少；加之近些年来，产地连遭旱、涝、低温、飓风、台风、泥石流等多种自然灾害，产量随之下滑。

人工种植发展滞后，野生半夏枯竭，产量不足以满足需要，催生人工种植于20世纪70~80年代试种成功。但由于人工种植半夏技术复杂，农民不易掌握；不收成或少收成，导致微利或亏本，结果农民少种或弃种；半夏连年重茬种植，致使产量减少，收入低，农民不愿种；半夏人工种植多采用块茎繁殖，当半夏紧缺，市价大涨时农民为了卖上高价，使将留种的半夏加工成商品半夏出售，造成后续种源减少。

目前，半夏人工种植虽已比较普遍，种植范围也较广，但因技术、管理、自然条件等原因，尚未达到规范化种植和产业化生产，导致产品的质量和利用率不高，产量有减无增，农民种植半夏的积极性淡薄。因此，半夏始终没有得到大规模推广种植、成为区域性的支柱产业。

第二章　分类及形态特征

一、植物形态特征

半夏是多年生草本植物，株高15~40厘米。地下块茎球形或扁球形，直径0.5~4.0厘米，芽的基部着生多数须根，底部与下半部淡黄色，光滑，部分连年作种的大块茎周边常联生数个小块状侧芽。顶基生叶1~4枚，叶出自块茎顶端，叶柄长5~25厘米，叶柄下部有一白色或棕色珠芽，直径3~8厘米，偶尔可见叶片基部亦具一白色或棕色小珠芽，直径2~4毫米。实生苗和珠芽繁殖的幼苗叶片为全缘单叶，卵状心形，长2~4厘米，宽1.5~3.0厘米；成年植株叶3片全裂，裂片卵状椭圆形、披针形至条形，中裂片长3~15厘米，宽1~4厘米，基部楔形，先端稍尖，全缘或稍具浅波状，圆齿，两面光滑无毛，叶脉为羽状网脉。肉穗花序顶生，花序梗常较叶柄长；佛焰苞绿色，边缘多呈紫绿色，长6~7厘米；内侧上部常有紫色斑条纹，佛焰苞合围处有一直径为1毫米的小孔，连通上下，花序末端尾状，伸出佛焰苞，绿色或绿紫色，佛焰苞下部管状不张开，上部微张开，直立或呈“S”形弯曲。花单性，雌雄同株；花序轴下部着生雌花，无花被，有雌蕊20~70个，花柱短，雄花位于花序轴上部，白色，无花被，雄蕊密集成圆筒形，与雌花间隔3~7毫米，花粉粒球形，无孔沟，电镜下可见花粉粒表面具刺状纹饰，刺基部宽，末端锐尖。浆果卵圆形，顶端尖，绿色或绿白色，成熟时红色，长4~5毫米，直径2~3毫米，内有种子1枚，种子椭圆形，两端尖，灰绿色，长2~3毫米，直径2.2毫米，不光滑，无光泽，解剖镜下观察有纵向浅沟纹。鲜种子千粒重10.0克左右。花期4~7月，果期8~9月。半夏外观形态特征如图2-1所示。

图2-1　半夏外观形态特征

二、植物学分类检索

半夏属于天南星科半夏属植物，其特征如下：

多年生草本，具块茎。叶和花序同时抽出。叶柄下部或上部、叶片基部常有珠芽；叶片全缘，3深裂、3全裂或鸟足状分裂，裂片长椭圆、圆形或卵状长圆形，侧脉纤细，近边缘有集合脉3条。花序柄单生，与叶柄等长或超过。佛焰苞宿存，管部席卷，有增厚的横隔膜，喉部几乎闭合；檐部长圆形，长约为管部的2倍，舟形。肉穗花序下部雌花序与佛焰苞合生达隔膜（在喉部），单侧着花，内藏于佛焰苞管部；雄花序位于隔膜之上，圆柱形，短，附属器延长的线状圆锥形，超出佛焰苞很长。花单性，无花被，雄花有雄蕊2，雄蕊短，纵向压扁状，药隔细，药室顺肉穗花序方向伸长，顶孔纵向开裂，花粉无定形。雌花：子房卵圆形，1室，1胚珠；胚珠直生或几为半倒生，直立，珠柄短。浆果长圆状卵形、略锐尖，有不规则的疣皱；胚乳丰富，胚具轴。

全世界有6个种，分布于亚洲东部。我国南北有5个种；云南有2个种，即半夏和虎掌。

表2-1　半夏属分种检索表

1（6）叶片全缘。

2（5）叶片非盾状着生。

3（4）叶片卵形或长圆形，基部不为心形。

……………………………………石蜘蛛 *P. integrifolia* N.E.Br.

4（3）叶片长三角形、长圆状卵形至戟形，背面常为紫色，基部心形。………………………………滴水珠 *P. cordata* N.E.Br.

5（2）叶片盾状着生，卵形或长圆形。

………………………………………盾叶半夏 *P. peltata* C.Pei

6（1）叶片3裂或鸟足状分裂。

7（8）叶片3全裂，裂片长圆形或披针形。

…………………………………半夏 *P. ternata*（Thunb.）Breit.

8（7）叶片鸟足状分裂，裂片披针形。

……………………………… 虎掌 *P. pedatisecta* Schott

三、药材的性状特征

1. 同属药用植物的种类

半夏属（*Pinellia*）为天南星科（Araceae）南星亚科的一个属，该属植物中国目前发现的共有10种，分别为滴水珠（*Pinellia cotdata*）、石蜘蛛（*P. integrifolia*）、掌叶半夏（*P. pedatiseeta*或*P. tuberifera*）、盾叶半夏（*P. peltata*）、半夏（*P. ternate*）、大半夏（*P. polyphylla*）、鹞落坪半夏（*P. yaoluopingensis*）、秭归半夏（*P. ziguiensis*）、三裂叶半夏（*P. trpartita*）、五叶半夏（*P. ternate*）。中国药典（2010版）只收录了半夏（*P. ternata*）作为药材，*Pinellia ternata*为半夏的正品。而在中国民间作为半夏使用的半夏属植物有5种，分别是掌叶半夏、滴水珠、盾叶半夏、大半夏、五叶半夏。除半夏属植物外，还有多达12种的同科植物作半夏使用，如：山珠南星（*Arisaema yunnanensis*）、银南星（*A. bathycoleum*）、河谷南星（*A.prazeri*）、高原南星（*A. intermedia*）、普陀南星（*A.ringens*）、象南星（*A. elephas*）、象头花（*A. franchetianum*）、犁头尖（*Typhonium divaricatum*）、三叶犁头尖（*T. trifoliatum*）、鞭檐犁头尖（*T. flagelliforme*，即水半夏）、马蹄犁头尖（*T. trilobatum*）、独脚莲（*T.

giganteum）。由此可见，在实际应用中半夏品种混乱问题比较严重，因此，在生产上要注意正确选择种源。

2. 药材的性状特征

药材性状鉴别指对药材的形、色、味、大小、质地、断面等特征以及简单理化反应和直接观察，并做出符合客观实际的结论，区分药材真、伪、优、劣的方法。它具有简单、易行、迅速的特点，这是数千年劳动人民同疾病作斗争中总结来的宝贵经验。

（1）半夏正品：呈类球形，有的稍偏斜，直径1.0~1.5厘米。表面白色或浅黄色，顶端有凹陷的茎痕，周围密布麻点状根痕；下面钝圆，较光滑；质坚实，断面洁白，富粉性（如图2-2所示），气微，味辛辣、麻舌而刺喉。以色白、质坚实、粉性足者为佳。显微鉴别：淀粉粒极多，单粒类球形或圆多角形，直径2~20微米，脐点短缝状、人字状或星状，复粒由2~6个粉粒组成；草酸钙针晶较多，分散或成束存在于椭圆形黏液细胞中，针晶长20~144微米；导管为螺纹及环纹导管。

图2-2　半夏正品药材外观特征

（2）混淆品：①水半夏，块茎近圆形、椭圆形、圆锥形或倒卵形，直径0.5~1.5厘米，高0.8~3.0厘米。表面类白色或淡黄色，不平滑，上部有多数隐约可见的点状根痕。质坚实，断面白色，粉性。气微，味辛辣，麻舌而刺喉；②土半夏，块茎圆锥形或卵形，有的略弯曲，直径0.5~1.5厘米，高1~3厘米。表面淡黄或类白色，上端有凸起叶痕，下端略尖，周围可见细小须根痕。质坚实，断面类白色，粉性。气微，味辛辣、麻舌而刺喉；有毒。③禹白附，块茎椭圆形或卵圆形，直径1~2厘米，高2~4厘米。表面黄白色，略粗糙，顶端具凹陷叶痕，下端钝圆，周围有环纹及麻点状根痕。质坚硬，断面类白色，粉性。气微，味淡，麻舌而刺喉；④掌叶半夏，块茎近球形，直径3~4厘米，外皮粗糙，褐色，剥去外皮为类白色而呈粉性，上部散有细凹点，与半夏在外形上很难区别，但一般形体比较大，无臭，味辛辣，麻舌而刺喉。

第三章　生物学特性

一、生长发育习性

半夏具有明显的杂草性，具有多种繁殖方式，对环境有着高度的适应性。

一年生半夏为心形的单叶，第二至第三年开花结果，有2或3裂叶生出。半夏一年内可多次出苗，在长江中下游地区，每年平均可出苗3次。第一次为3月下旬至4月上旬，第二次在6月上中旬，第三次在9月上中旬。相应每年平均有三次倒苗，分别为3月下旬至6月上旬、8月下旬、11月下旬。出苗至倒苗的天数，春季为50~60天，夏季为50~60天，秋季为45~60天。倒苗对于半夏来说，一方面是对不良环境的一种适应，更重要的是增加了珠芽数量，亦即进行了一次以珠芽为繁殖材料的无性繁殖。第一代珠芽萌生初期在4月初，萌生高峰期为4月中旬，成熟期为4月下旬至5月上旬。

半夏块茎一般于8~10℃萌动生长，13℃开始出苗。随着温度升高出苗加快，并出现珠芽。15~26℃最适宜生长，30℃以上生长缓慢，超过35℃而又缺水时开始出现倒苗，秋后低于13℃以下出现枯叶。

冬播或早春种植的块茎，当1~5厘米的表土地温达10~13℃时，叶开始生长，此时如遇地表气温持续数天低于2℃以下，叶柄即在土中开始横生，横生一段并可长出一代珠芽。地温、气温差持续时间越长，叶柄在土中横向生长越长，地下珠芽长得越大。当气温升至10~13℃时，叶直立长出土外。

半夏的块茎、珠芽、种子均无生理休眠特性。种子发芽适温为22~24℃，寿命为1年。

二、土壤及养分的要求

半夏对土壤要求不严，除盐碱地之外，一般土壤均可种植，以湿润、肥沃、土层深厚的沙质壤土为宜。土壤含水量在40%~50%，酸碱性以中性为宜。土壤黏重不利于根系发育和子半夏的形成。半夏对水分要求较高，半夏根系浅，吸水能力较弱，地上部分耐旱能力差，如果土壤过于干旱或空气干燥，都可以影响地上部分生长，甚至造成枯萎。半夏是一种喜肥植物，除施足基肥外，在生长过程中需要进行多次追肥，才能满足其对养分的需求。

三、气候要求

1. 温度要求

平均地温在10℃左右时，半夏萌发出苗；平均气温达15~27℃时，半夏生长最旺盛。在中国部分地区，7月中旬开始，随着梅雨季节的结束，气温上升，最高温度经常超过35℃，半夏生长受到严重影响，没有遮阴条件的半夏地上部分相继死亡，形成夏季大倒苗。半夏生长的适宜温度为23~29℃。

2. 湿度要求

半夏不耐旱，偏好在湿度较高的土壤中生长。半夏既喜水又怕水，当土壤湿度超出一定的限度，反而生长不良，造成烂根、烂茎、倒苗死亡，块茎产量下降。

3. 光照要求

半夏是耐阴而不是喜阴植物，在适度遮光条件下，能生长繁茂。但是，若光照过强，半夏则难以生存。以半阴环境为宜，珠芽数和块茎增重可达最大值。在生产上，半夏常与玉米套种或林下种植（如图3-1所示）。

图3-1　半夏套种玉米模式

第四章　栽培管理

一、选地、整地

选地要求如下：①土壤必须是壤土或沙壤土，不能太酸和太碱，pH在6.5~7.5之间，土壤中没有或很少有根生杂草和石块；②土壤肥沃，有机质含量超过1.2%以上；③有充足水源，浇水方便，并且能彻底排涝；④地势有一定坡度，可选择半阴半阳的缓坡山地，最好坡度在5~10度，没有坡度，要多做条沟。黏重地、盐碱、涝洼地不宜种植。前茬选豆科作物为宜，可与玉米地、油菜地、麦地、果木林进行间套种。

地选好后，于10~11月间，深翻土地20厘米左右，除去砾石及杂草，使其熟化。半夏根系浅，一般不超20厘米，且喜肥，生长期短，基肥对其有着重要的作用。结合整地，每亩施农家肥5000公斤、饼肥100公斤和过磷酸钙60公斤，翻入土中作基肥。于播前，再耕翻一次，然后整细耙平。南方雨水较多的地方宜做成宽1.2~1.5米、高30厘米的高畦，畦沟宽40厘米，长度不宜超过20米，以利灌排。北方浅耕后可按宽0.8~1.2米的规格作畦，畦埂宽、高分别为30厘米和15厘米。畦埂要踏实整平，以便进行春播催芽和苗期地膜覆盖栽培。

二、选种与处理

半夏栽培历史虽较短，但因其为广布种植物，为适应不同的生态条件，加之人为有目的地选择，在半夏自然和栽培群体中已出现了明显的分化类型。主要表现在叶型、块茎大小和形状、珠芽数量和着生位置等方面存在着较大差异，并具有较为明显的区域性。初步的研究结果表明，狭叶型半夏长势旺盛，叶数多，叶片大而厚，抗性强，珠芽多，块茎多且个体大，产量高。故在生产上应首先注意种质类型的优选。

播种前半夏种子要进行处理，处理方法如下：①播种前用50%多菌灵加40%乙膦铝300倍液浸种（增产显著）；②300倍液食醋，50毫克/升高锰酸钾，5%草木灰液分别浸种（防根腐病）。

三、播　种

生产上半夏的繁殖方法以采用块茎和珠芽繁殖为主，亦可用种子繁殖，但种子生产周期长，一般不采用。

1. 块茎繁殖

于当年冬季或次年春季取出贮藏的种茎（如图4-1所示）栽种，以春栽为好，秋冬栽种产量低。春栽，宜早不宜迟，一般早春5厘米土层地温稳定在6~8℃时，即可用温床或火炕进行种茎催芽。催芽温度保持在20℃左右时，15天左右芽便能萌动。2月底至3月初，雨水至惊蛰间，当5厘米土层地温达8~10℃时，催芽种茎的芽鞘发白时即可栽种（不催芽的也应该在这时栽种）。适时早播，可使半夏叶柄在土中横生并长出珠芽，在土中形成的珠芽个体大，并能很快生根发芽，形成一棵新植株，并且产量高。

图4-1　半夏块茎

在整细耙平的畦面上开横沟条播（如图4-2所示）。行距12~15厘米，株距5~10厘米，沟宽10厘米，深5厘米左右，沟底要平，在每条沟内交错排列两行，芽向上摆入沟内。栽后，上面施一层混合肥土（由腐熟堆肥和厩肥加人畜肥、草土灰等混拌均匀而成）。每亩用混合肥土2000公斤左右。然后，将沟土提上覆盖，厚5~7厘米，耧平，稍加压实。也可结合收获，秋季栽种，一般在9月下旬至10月上旬进行，方法同春播。

图4-2　半夏开沟条播种

每亩需种茎50~ 60公斤，适当密植，生长均匀且产量高。过密，则幼苗生长纤弱，除草困难；过稀，则苗少草多，产量低。覆土也要适中。过厚，则出苗困难，将来珠芽虽大，但往往在土内形成，不易采摘；过薄，种茎则容易干缩而不能发芽。栽后遇干旱天气，要及时浇水，始终保持土壤湿润。

若进行地膜覆盖栽培（如图4-3所示），栽后立即盖上地膜。所用地膜可以是普通农用地膜（厚0.014毫米），也可以用高密度地膜（0.008毫米）。地膜宽度视畦的宽窄而定。盖膜时，3人一组，先从畦的两埂外侧各开一条8厘米左右深的沟，深浅一致，1人展膜，2人同时在两侧拉紧地膜，平整后用土将膜边压在沟内，均匀用力，使膜平整紧贴畦埂上，用土压实，做到紧、平、严。

图4-3 半夏地膜覆盖栽培

4月上旬至下旬，当气温稳定在15~18℃，出苗达50%左右时，应揭去地膜，以防膜内高温烤伤小苗。去膜前，应先进行炼苗。方法是中午从畦两头揭开膜通风散热，傍晚封上，连续几天后再全部揭去。采用早春催芽和苗期地膜覆盖的半夏，不仅比不采用本栽培措施的半夏早出苗20天，而且还能保持土壤整地时的疏松状态，促进根系生长，同时可增产83%左右。

2. 珠芽繁殖

半夏每个叶柄上至少长有一枚珠芽（如图4-4所示），数量充足，且遇土即可生根发芽，成熟期早，是主要的繁殖材料。夏秋间，当老叶将要枯萎时，珠芽已成熟，即可采取叶柄上成熟的珠芽进行条播。按行距10厘米，株距3厘米，条沟深3厘米播种。播后覆以厚2~3厘米的细土及草木灰，稍加压实。也可按行株距10厘米×8厘米挖穴点播，每穴播种2~3粒。亦可在原地盖土繁殖，即每倒苗一批，盖土一次，以不露珠芽为好。同时施入适量的混合肥，既可促进珠芽萌发生长，又能为母块茎增施肥料，一举两得，有利增产。

图4-4　半夏珠芽

3. 种子繁殖

用种子繁殖的两年生以上半夏能陆续开花结果。当佛焰苞萎黄下垂时，采收种子。夏季采收的种子可随采随播，秋末采收的种子可以砂藏至次年3月播种。此种方法出苗率较低，生产上一般不采用。播种时按行距10厘米开2厘米深的浅沟，将种子撒入，耧平，覆土1厘米左右，浇水湿润，并盖草保温保湿，半个月左右即可出苗。苗高6~10厘米时，即可移植。当年第一片叶为卵状心形单叶，叶柄上一般无珠芽，第二年3~4个心形叶，偶见有3小叶组成的复叶，并可见珠芽。实生苗当年可形成直径为0.3~ 0.6厘米的块茎，可作为第二年的种茎。

四、田间管理

1. 中耕除草

半夏植株矮小，在生长期间要经常松土除草，避免草荒。中耕深度不超过5厘米，避免伤根。因半夏的根生长在块茎周围，其根系集中分布于12~15厘米的表土层，故中耕宜浅不宜深，做到除早、除小、除了。半夏早春栽种，地膜覆盖，在其出苗的同时，狗尾草、马唐草、牛筋草、画眉草、香附草、苋菜、小旋花、灰灰菜、马齿苋、车前草等十余种杂草（如图4-5所示）也随之出土，且数量多，往往造成揭膜后出苗困难，影响半夏的产量，因此应及时除草。

图4-5　半夏种植地常见的恶性杂草

2. 摘　花

为了使养分集中于地下块茎，促进块茎的生长，有利增产，除留种外，应于5月开花抽薹后，分时分批摘除花葶。此外，半夏繁殖力强，往往成为后茬作物的顽强杂草，不易清除，因此，必须经常摘除花葶。

3. 水肥管理

半夏喜湿怕旱，无论采用哪一种繁殖方法，在播前都应浇1次透水，以利出苗。出苗前后不宜再浇，以免降低地温。立夏前后，天气渐热，半夏生长加快，干旱无雨时，可根据墒情适当浇水。浇后及时松土。夏至前后，气温逐渐升高，干旱时可7~10天浇水一次。处暑后，气温渐低，应逐渐减少浇水量。经常保持栽培环境阴凉而又湿润，可延长半夏生长期，推迟倒苗，有利光合作用，多积累干物质。若遇久晴不雨，应及时灌水，若雨水过多，应及时排水，避免因田间积水，造成块茎腐烂。因此，加强水肥管理，是半夏增产的关键。

在生长期间经常泼浇稀薄人畜粪水，有利于保持土壤湿润，促进半夏生长，起到增产的作用。每次可施用腐熟的人畜粪水和过磷酸钙。除施足基肥外，生长期一般可追肥4次。第一次于4月上旬齐苗后，每亩施入1：3的人畜粪水1000公斤，第二次在5月下旬珠芽形成期，每亩施用人畜粪水2000公斤；第三次于8月倒苗后，当子半夏露出新芽，母半夏脱壳重新长出新根时，用1：10的粪水泼浇，每半月一次，至秋后逐渐出苗；第四次于9月上旬，半夏全苗齐苗时，每亩施入腐熟饼肥25公斤，过磷酸钙20 公斤、尿素10公斤，与沟泥混拌均匀，撒于土表，起到培土和有利灌浆的作用。半夏生长中后期，每10天根外喷施一次0.2% 磷酸二氢钾，有一定的增产效果。

4. 培　土

珠芽在土中才能生根发芽，在6~8月间，有成熟的珠芽和种子陆续落于地上，此时要进行培土，从畦沟取细土均匀地撒在畦面上，厚1~2厘米。追肥培土后若无雨，应及时浇水。一般应在芒种至小暑时培土两次，促使萌发新株。两次培土后行间即成小沟，应经常松土保墒。

5. 遮　阳

生产上可于4月中下旬畦边间作玉米、辣椒及豆类作物；6月上、中旬间作物长高或搭架遮阳；9月后，气温渐低，应及时收获间作物。

第五章　农药、肥料使用及病虫害防治

一、农药使用准则

半夏生产农药使用准则参考表5-1。

表5-1　半夏主要病虫害及推荐防治方法

名称	危害症状和防治时期	防治方法	安全间隔期
叶斑病	病叶上出现紫褐色斑点，轮廓不清，叶色先由淡绿变黄绿，后变淡褐色，后期病斑出现小黑色，叶片焦枯而死	40%氟硅唑800倍～1000倍液 或50%多菌灵800倍～1000倍液 或70%甲基硫菌灵1000倍液叶面喷施2次～3次，间隔7天～10天	≥8天 ≥7天 ≥10天
病毒病	夏季发生，全株性病害，叶片上产生黄色不规则的斑，出现花叶症状，叶变形、皱缩、卷曲，直至枯死。地下块根畸形瘦小，质地变劣	25%病毒唑600倍液叶面喷施	≥7天
腐烂病	多湿季节发生，造成块茎腐烂，地上茎叶枯黄死亡	50%多菌灵1000倍液喷施	≥7天

续表5-1

名称	危害症状和防治时期	防治方法	安全间隔期
红天蛾	幼虫咬食叶片，严重时把叶片咬光	90%晶体敌百虫800倍～1000倍液叶面喷施2次～3次，间隔5天～7天	≥8天
蚜虫	受害叶片卷缩	40%乐果乳剂1500倍～2000倍液叶面喷施	≥10天

注：如有适合无公害半夏生产的高效、低毒、无残留新型生物农药应优先使用。

二、肥料使用准则

半夏种植生产中肥料使用应慎重，应提倡多使用有机肥料（农家肥）谨慎使用无机肥料（化肥），因为化肥都是由各种不同的盐类组成，长期大量或不当施用这些由盐类组成的肥料，就会增加土壤溶液的盐类浓度而产生不同大小的渗透压，作物根细胞不但不能从土壤溶液中吸水，反而将细胞质中的水分倒流入土壤溶液，就导致作物受害；还会造成土壤、环境、空气的污染，加速了耕地、水等农业之本的“折旧”，还严重威胁到药品安全。允许使用农家肥料、商品有机肥及无机肥、微生物肥料等。农家肥应通过堆沤发酵或沼气池处理，使之充分腐熟，以杀灭虫卵、病原菌、杂草种子达到无害化卫生标准。严禁使用城市、工业、医院垃圾及医院厕所粪便。在中药材种植中要严格遵守中华人民共和国农业行业标准NY/T2010《合理使用肥料准则 通则》有关规定与使用方法。

三、病虫害防治

1. 根腐病

这是半夏最常见的病害（如图5-1所示），多发生在高温多湿季节和越夏种茎储藏期间。危害地下块茎，造成腐烂，随即地上部分枯黄倒苗死亡。

图5-1 半夏根腐病

防治方法：① 选用无病种栽培，雨季及大雨后及时疏沟排水。② 播种前用木霉的分生孢子悬浮液处理半夏块茎，或以5%的草木灰溶液浸种2小时；或用1份50%多菌灵加1份40% 的乙膦铝300倍液浸种30分钟。③ 发病初期，拔除病株后在穴处用5%石灰乳淋穴，防止蔓延。④ 及时防治地下害虫，可减轻危害。

2. 病毒性缩叶病

这是栽培半夏上普通发生的较为严重的一种病害（如图5-2所示），发病率随栽培年限的增加呈上升趋势，种茎带毒及蚜虫等昆虫传毒可能为其主要传播途径。多在夏季发生。为全株性病害，发病时，叶片上产生黄色不规则的斑，使叶片变为花叶症状，叶片变形、皱缩、卷曲，直至枯死；植株生长不良，地下块根畸形瘦小，质地变劣。当蚜虫大发生时，容易发生该病。该病可使半夏在贮藏期间及运输途中造成鲜种茎大量腐烂，受害半夏块茎加工成商品后，往往质量差，品级低。

图5-2　半夏常见病毒性缩叶病

防治方法：① 选无病植株留种，避免从发病地区引种及发病地留种，控制人为传播，并进行轮作。② 施足有机肥料，适当追磷肥、钾肥，增强抗病力；及时喷药消灭蚜虫等传毒昆虫。③ 出苗后在苗地喷洒一次40% 乐果2 000倍液或80% 敌敌畏1500倍液，每隔5~7天一次，连续2~3次。④ 发现病株，立即拔除，集中烧毁深埋，病穴用5% 石灰乳浇灌，以防蔓延。⑤ 应用组织培养方法，培养无毒种苗。

3. 芋双线天蛾

这是半夏生长期间为害极大的食叶性害虫（如图5–3所示），栽培半夏田为害率可达80% 以上。每年可发生3~5代不等，以蛹在土下越冬。8~9月幼虫发生数量最多。成虫白天潜伏在荫蔽处，黄昏时开始取食花蜜，趋光性强。雌蛾交配后2~5天产卵。每只雌蛾产卵30~60粒，散产于半夏叶背面。一般每片叶只产1粒卵，幼虫孵化后取食卵壳，并在叶背取食叶肉，残留表皮。2龄后叶片吃成孔洞，3龄后从叶缘蚕食，造成大的缺刻，高龄幼虫食量暴增，每头幼虫每天可为害半夏苗10株以上。

图5–3　半夏常见虫害芋双线天蛾

防治方法：① 结合中耕除草捕杀幼虫。② 利用黑光灯诱杀成虫。③ 5月中旬至11月中旬幼虫发生时，用50% 的辛硫磷乳油1000 ~1500倍液喷雾或90% 晶体敌百虫800~1000倍液喷洒，每5 ~7天一次，连续2~3次，可杀死80%~100% 的幼虫。

4. 红天蛾（如图5–4所示）

主要在5~10月造成为害，尤以5月中旬至7月中旬发生量大，为害最严重。以幼虫咬食叶片，食量很大，发生严重时，将叶片咬成缺刻或吃光。

图5–4　半夏常见虫害红天蛾

防治方法：参考芋双线天蛾。

其他还有半夏炭疽病、蚜虫和地下害虫等。

第六章　收获及初加工

一、采收期

种子繁殖的半夏于第3、4年采收，块茎繁殖的半夏于当年或第2年采收。一般于夏、秋季茎叶枯萎倒苗后采收。过早采收可影响产量，过晚采收难以去皮和晒干。采收时，从地块的一端开始，用爪钩顺垄挖12~20厘米深的沟，逐一将半夏挖出。起挖时选晴天，小心挖取，避免损伤。

二、初加工

收获后鲜半夏要及时去皮，堆放过久则不易去皮。先将鲜半夏洗净，按大、中、小分级，分别装入麻袋内，在地上轻轻摔打几下，然后倒入清水缸中，反复揉搓，或将块茎放入筐内或麻袋内，在流水中用木棒撞击或穿胶鞋用脚踩去外皮，也可用去皮机除去外皮。不管采用哪种方法，均应将外皮去净、洗净为止。再取出晾晒，并不断翻动，晚上收回，平摊于室内，不能堆放，不能遇露水，以免变成油子。次日再取出，晒至全干或晒至半干，以硫黄熏之。亦可拌入石灰，促使水分外渗，再晒干或烘干。如遇阴雨天气，采用炭火或炉火烘干，但温度不宜过高，一般应控制在35~60℃之间。在烘时，要微火勤翻，力求干燥均匀，以免出现僵子，造成损失。半夏采收后经洗净、晒干或烘干，即为生半夏。半夏一般亩产鲜块茎400~500公斤，折干率为3：1~4：1。

三、质量规格

品质以个大、皮净、色白、质坚实、粉性足者为佳。以个小、去皮不净、色黄白、粉性小者为次之。

规格一般分为三个等级　一等：每千克在800粒以内；二等：每千克1200粒以内；三等：每千克3000粒以内。

四、包装、贮藏与运输

半夏在包装前应再次检查是否已充分干燥，并清除劣质品及异物。所使用的包装材料为麻袋或新料编织袋等，具体可根据出口或购货商要求而定。在每件包装上，应注明品名、规格、产地、批号、包装日期、生产单位，并附有质量合格的标志。

半夏为有毒药材，又易吸潮变色。干燥后的半夏如不马上出售，则应包装后置于室内干燥的地方贮藏，忌与乌头混放，同时应有专人保管，防止非工作人员接触，并定期检查。运输工具或容器应具有较好的通气性，以保持干燥，并应有防潮措施。

第七章　应用价值

一、药用价值

半夏含有β-谷甾醇、葡萄糖苷、多种氨基酸、挥发油、皂苷、辛辣性醇类、胆碱、左旋麻黄碱等生物碱以及少量淀粉、脂肪等成分。经炮制加工成符合中医配方和中成药制剂要求的各种制品，如法半夏、姜半夏、清半夏等。经各种方法炮制后它们的功效也各有侧重，如法半夏偏重于燥湿化痰，用于痰多咳喘，痰饮眩悸，风痰眩晕，痰厥头痛；姜半夏偏重于温中化痰，用于痰饮呕吐，胃脘痞满；清半夏偏重于燥湿化痰，用于湿痰咳嗽，胃脘痞满，痰涎凝聚，咯吐不出等症。现代医学还证实半夏具有镇咳、镇吐、镇静催眠、降压、抗癌等功效。能调节自主神经功能，纠正心律失常，改善微循环作用。现在广泛应用于慢性咽炎、百日咳、慢性支气管炎、感冒咳嗽、支气管哮喘、神经衰弱、高脂血症、糖尿病、内耳眩晕症等疾病的治疗。

二、经济价值

据调查，半夏在上个世纪末市场销量平平，价格平平，不为药商和药农所重视。新世纪后，我国医药行业崛起，以半夏为主要原料成分的新药、特药和中成药频频问世。如今，半夏年销量在5000吨左右，是我国传统大宗药材之一，被业界称之为一类商品药材，多年来已经成为我国药材市场上的主流品种，并成为我国出口创汇的重要商品之一。

种种因素的影响，当前半夏产量无法满足迅速扩大的国内市场需求。多年以来，价格一直稳定在80元以上，具有较广阔的发展前景。半夏药用量大，用途广，具有一次投资，多年收效的特点。一般亩产干品200多公斤，按目前市场价130元/公斤计算，亩效益在26000元以上，纯收入20000元左右，经济效益是粮食的10~20倍。乘机大胆投资，大力发展半夏种植，不失为农业结构调整的好项目。因此，种植半夏具有较高经济价值和收益，值得广大科研单位与种植人士的经济投入，以赢得更大的经济效益。

致 谢

感谢孟珍贵老师提供了部分资料和图片，感谢徐祥增同学对初稿进行了认真的校正。资料的查阅、复印以及野外拍摄部分图片所需经费得到了云南省科技计划项目：云南道地药材半夏规范化种植研究及示范（2012CG008）资助，特此致谢。

参考文献

[1] 郭巧生. 药用植物栽培学. 北京：高等教育出版社，2004.

[2] 国家药典委员会. 中华人民共和国药典（2010年版）（一部）. 北京：中国医药科技出版社，2010.

[3] 康廷国. 中药鉴定学. 北京：中国中医药出版社，2007.

[4] 朱克贵. 贵州省凤冈县半夏规范化种植操作规程（SOP）. 遵义科技，2004，（4）：12~15.

[5] 宋培光. 半夏及混淆品的鉴别. 时珍国医国药，2004，15（10）：671~671.

[6] 张瑾，谈献和. 半夏资源研究进展. 中国中医药信息杂志，17（5）：104~106.

[7] 蔡世珍，邹忠梅，徐丽珍，杨世林. 半夏属药用植物的研究进展. 国外医学中医中药分册，26（1）：17~24.

[8] 王化东，吴发明. 我国半夏资源调查研究.安徽农业科学，2012，40（1）： 150~151，200.

[9] 孙田. 野生半夏资源调查及人工繁殖栽培试验. 特产研究，1991，（4）： 53~54.

[10] 何道文，黄雪菊. 半夏栽培生态学研究. 中草药，2003，34（12）：1133~1135.

[11] 查保祥. 旱半夏栽培管理技术. 农村实用技术，2005，（6）：21~23.

[12] 刘先华. 半夏栽培管理技术. 中国园艺文摘，2012，28（4）：193~194.

[13] 李平. 旱半夏栽培技术要点. 现代农村科技，2012，(12)：10~10.
[14] 吴通兴，叶隆平. 林地套种半夏栽培技术. 浙江农业科学，2004，(5)：293~293.